U0155644

怪兽镇

·分类·

国开童媒 编著　每晴 文　哇哇哇 图

国家开放大学出版社出版　国开童媒（北京）文化传播有限公司出品

北 京

你好啊，朋友！欢迎来到怪兽镇。

我是这个镇子的第153号居民，我在这里住了400年了。

你现在看到的怪兽镇是不是特别棒？不过，几百年前，在我小的时候，它可不是这个样子的……

那时候，**一切都糟糕透了！**

怪兽们的房子胡搭乱建，垃圾遍地，臭气熏天……

交通也是一团糟！

地上跑的怪兽和天上飞的怪兽，总是撞在一起，事故频发！

4

河水充满了脚臭味儿，住在河里的怪兽们苦不堪言。

更可怕的是，那些脾气大的怪兽，也不管周围是什么环境，**想发火就发火**！

要是没有大龙，真
不敢想象我们现在过的
是什么日子。

8

朋友们，为了大家的美好生活，我们需要做出改变！如果你们信任我，请按我说的去做。

或许是大家都对现状感到无法忍受吧，所有怪兽都乖乖听他的话。

9

首先，所有长了翅膀的羽族怪兽们，请你们搬到高处去安家。

所有**长了鳞片的水族怪兽们**，河里的地盘就归你们了。

13

14

所有**长了四条腿的怪兽们**，请你们搬到山洞里去，把绿地腾出来，注意不要践踏花草。

小贴士：小朋友，看到这里，你能试着给怪兽镇的怪兽们分分类吗？

看来同样是长了四条腿的怪兽，生活习惯并不都一样。大龙尊重了他们的要求，不过，他提醒那些喜欢打洞的怪兽们，要远离河岸，免得打穿地下河。

让我想想，还有什么……对了，
所有**会喷火的怪兽**请过来。

18

你们得戴上这个危险标志牌，请注意控制你们的情绪，尤其是在气候干燥的秋冬时节。

就这样，不同的怪兽搬到了不同的栖息地。

大龙还组织大伙儿在河的下游造了两间屋子，红色那间是公共厕所，绿色那间是垃圾站。怪兽镇焕然一新！

可是……好像还有一个问题。

23

小朋友，你猜，大龙最后住哪儿了呢？

镇长之家

　　乱糟糟的小镇让生活在这里的小怪兽们都很不舒服，大龙是怎样改变这一状况的呢？对了，就是根据小怪兽们的特点分分类，然后安置在不同的地方。这其实就蕴含了数学的核心素养之一——用数学的眼光观察现实世界，并用数学思想解决在现实世界遇到的问题。分类思想就是一种基本的数学思想，它是根据一定的标准，对事物进行有序的划分和组织的过程。

　　分类与整理在日常生活中无处不在，从整理房间到安排日常生活，都需要这种能力。孩子要能发现事物的特征，并按照一定的标准对事物进行分类，还得能用语言简单地描述自己分类的过程，感受事物之间的共性与差异。家长可以提醒孩子，分类的标准不同，所得到的结果也就不同，但有一点是不变的，那就是事物总数量。

　　在学习分类的过程中，家长可以鼓励孩子说一说自己的分类标准，也可以让孩子和家长，或是其他小伙伴交流一下各自的分类标准，从而切实地体会不同分类标准带来的分类结果的差异，从而开拓孩子的思维。在现实生活中，分类标准不同可能会给生活带来截然不同的影响，比方说，收拾衣服的时候，如果按颜色分，未来穿戴衣服的时候可能会很不方便，而按照上衣、裤子等类别分则会方便许多。如果孩子能多关注这类问题，则有利于他们把学到的数学知识运用到实际生活当中。

北京润丰学校小学低年级数学组长、一级教师　蒋慕香

思维导图

现在的怪兽镇一切看起来井然有序，但以前的镇子真的非常糟糕。你知道怪兽镇是如何变成如今的模样的吗？请看着思维导图，把这个故事讲给你的爸爸妈妈听吧！

怪兽镇

大龙住哪里？

长了翅膀的羽族怪兽　　长了鳞片的水族怪兽　　长了四条腿的怪兽　　喷火的怪兽

住树上　　　住水里

短毛类　　　啮齿类　　　长毛类

住树林　　　住地洞　　　住山洞

数学真好玩

· 分一分 ·

下面是一些生活中常见的事物，请你看看它们有什么不同，按照指令给它们分分类吧！把每个事物对应的序号填在对应种类后面的括号里。

交通工具：（　　）（　　）（　　）（　　）

动　　物：（　　）（　　）（　　）（　　）

食　　品：（　　）（　　）（　　）

· 圈 一 圈 ·

给下面四组物品分别分分类，找出每组当中同类的物品，把它们圈在一起吧。

数学真好玩

·分类小能手·

观察下面的怪兽们，你能想出几种分类方法呢？在括号里写一写，并和爸爸妈妈说一说你的分类依据吧！

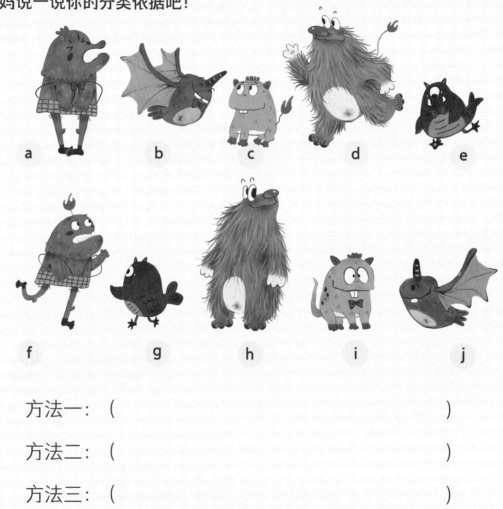

a   b   c   d   e

f   g   h   i   j

方法一：（   ）

方法二：（   ）

方法三：（   ）

·生活中的分类·

　　生活中的分类无处不在，孩子通过学习分类，不仅能从多方面了解事物的特点，还能提升归纳能力和思考能力。因此，家长要引导孩子观察生活中的常见事物，从不同角度归纳它们的共同属性特征，让孩子学会从不同角度看待事物，感知分类的乐趣。以下几种实践可以帮助孩子成为分类小达人哟，快来试试吧！

1.整理玩具

　　试着让孩子把家里的玩具分分类，看看他们有几种分法。

2.整理衣服

　　洗完衣服后，让孩子试着按照一定的分类标准整理自己的衣橱，并说说是按什么标准分类的。记得夸夸孩子干净有序的小衣橱哟！

3.垃圾分类

　　带领孩子观察小区内垃圾箱上的标志，给他们讲讲每种垃圾桶都能放什么样的垃圾。

知识点结业证书

亲爱的_____小朋友，

恭喜你顺利完成了知识点 **"分类"** 的学习，你真的太棒啦！你瞧，数学并不难，还很有意思，对不对？

下面是属于你的徽章，请你为它涂上自己喜欢的颜色，之后再开启下一册的阅读吧！